HECHOS PARA SOBREVIVIR

Alan Walker
Traducción de Sophia Barba-Heredia

ÍNDICE

Un libro de El Semillero de Crabtree

halcón
peregrino

Aves de rapiña

Las aves de rapiña atrapan y comen a otros animales.

El halcón peregrino es el animal más rápido del mundo. Puede lanzarse por el aire a velocidades de hasta 200 mph (322 kph).

Las aves de rapiña son llamadas rapaces.

¡!
Búhos, halcones, águilas, buitres, milanos y halcones son rapaces.

águila real

Las aves rapaces tienen garras filosas y picos ganchudos.

¡!

El águila real es el ave de rapiña más grande de América del Norte.

Las aves rapaces usan sus fuertes patas y sus garras filosas para atrapar a sus presas.

águila harpía
¡!
¡Las garras del águila harpía pueden ser tan grandes como las del oso gris!

gavilán colirrojo

Estas aves usan sus picos afilados para rasgar la **carne.**

¡!

Los gavilanes colirrojo son los más comunes en América del Norte.

Las aves rapaces tienen excelente vista.

¡!

Un águila puede estar a cientos de pies en el aire y ver a un pez debajo del agua.

águila calva

La mayoría de las lechuzas son **nocturnas** y tienen excelente visión en la noche.

¡!

Las lechuzas no pueden girar sus ojos. Giran sus cabezas para ver en diferentes direcciones.

lechuza
de Tengmalm

lechuza de campanario

Las lechuzas también tienen un excelente oído.

Una lechuza de campanario puede escuchar los pequeños pasitos de un ratón en el suave suelo del bosque, ¡inclusive mientras está volando!

Los buitres no cazan ni matan a su comida.

buitres leonados

Los buitres buscan y comen **carroña**.

¡!

Los buitres usan su sentido del olfato para encontrar carroña.

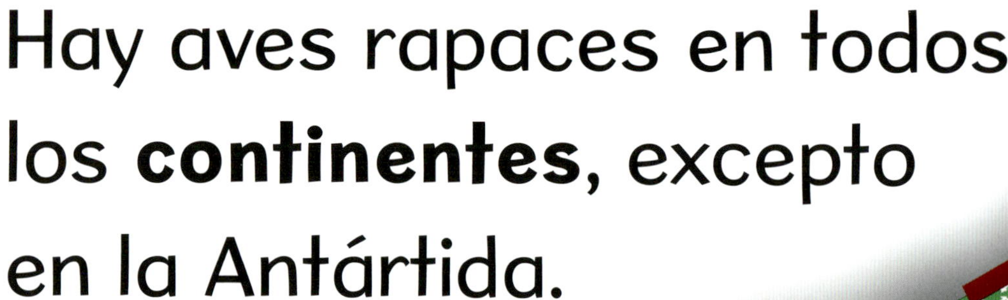

Hay aves rapaces en todos los **continentes**, excepto en la Antártida.

El caraca norteño es un ave popular en México.

El buitre llamado cóndor andino es una de las aves voladoras más grandes del mundo.

América del Norte

América del Sur

Europa
Asia
África
Australia
Antártida
El cernícalo vulgar vive a lo largo de casi toda Europa.
El águila filipina caza y come monos en las selvas de Filipinas.
El secretario es un ave rapaz que vive en África.

Glosario

carne: La carne es el tejido de un animal.

carroña: La carroña es la carne podrida de un animal muerto.

continentes: Un continente es una de las masas terrestres de la Tierra. Asia, África, Antártida, Europa, América del Norte y América del Sur son los continentes de la Tierra.

nocturnas: Los animales nocturnos están activos durante la noche. Las lechuzas son nocturnas.

Índice analítico

El ave rapaz en la portada es un águila real.

Apoyos de la escuela a los hogares para cuidadores y maestros

Este libro ayuda a los niños en su desarrollo al permitirles practicar la lectura. Abajo están algunas preguntas guía para ayudar al lector a fortalecer sus habilidades de comprensión. En rojo hay algunas opciones de respuesta.

Antes de leer:

- **¿De qué pienso que tratará este libro?** *Pienso que este libro es sobre aves de rapiña. Pienso que este libro es sobre aves que comen animales pequeños.*
- **¿Qué quiero aprender sobre este tema?** *Quiero aprender qué tan rápido pueden volar las aves de rapiña. Quiero aprender cómo las aves de rapiña pueden ver a animales pequeños mientras vuelan alto en el cielo.*

Durante la lectura:

- **Me pregunto por qué...** *Me pregunto por qué los buitres no cazan para comer. Me pregunto por qué y cómo los buitres pueden encontrar animales muertos.*
- **¿Qué he aprendido hasta ahora?** *Aprendí que los buitres usan su sentido del olfato para encontrar animales muertos. Aprendí que los búhos tienen un excelente sentido del oído y pueden escuchar los pequeños pasitos de un ratón corriendo en el suelo.*

Después de leer:

- **¿Qué detalles aprendí de este tema?** *Aprendí que un halcón peregrino puede lanzarse por el aire a velocidades de hasta 200 mph (322 kph). Aprendí que las aves de rapiña son llamadas rapaces, y tienen garras y picos filosos y ganchudos.*
- **Lee el libro de nuevo y busca las palabras del vocabulario.** *Veo la palabra **nocturnas** en la página 14 y la palabra **carroña** en la página 19. Las demás palabras del vocabulario están en las páginas 22 y 23.*

Library and Archives Canada Cataloguing in Publication
Title: Aves de rapiña / Alan Walker ; traducción de Sophia Barba-Heredia.
Other titles: Birds of prey. Spanish
Names: Walker, Alan, 1963- author. | Barba-Heredia, Sophia, translator.
Description: Series statement: Hechos para sobrevivir | Translation of: Birds of prey. | Includes index. | "Un libro de el semillero de Crabtree". | Text in Spanish.
Identifiers: Canadiana (print) 20210249102 | Canadiana (ebook) 20210249110 | ISBN 9781039618206 (hardcover) | ISBN 9781039618268 (softcover) | ISBN 9781039618329 (HTML) | ISBN 9781039618381 (EPUB) | ISBN 9781039618442 (read-along ebook)
Subjects: LCSH: Birds of prey—Juvenile literature. | LCSH: Animal weapons—Juvenile literature.
Classification: LCC QL667.78 .W3518 2022 | DDC j598.9—dc23

Library of Congress Cataloging-in-Publication Data
Names: Walker, Alan, 1963- author.
Title: Aves de rapiña / Alan Walker ; traducción de Sophia Barba-Heredia.
Other titles: Birds of prey. Spanish
Description: New York, NY : Crabtree Publishing, [2022] | Series: Hechos para sobrevivir - un libro el semillero de Crabtree | Includes index.
Identifiers: LCCN 2021028427 (print) | LCCN 2021028428 (ebook) | ISBN 9781039618206 (hardcover) | ISBN 9781039618268 (paperback) | ISBN 9781039618329 (ebook) | ISBN 9781039618381 (epub) | ISBN 9781039618442
Subjects: LCSH: Birds of prey--Juvenile literature.
Classification: LCC QL677.78 .W3418 2022 (print) | LCC QL677.78 (ebook) | DDC 598.9--dc23
LC record available at https://lccn.loc.gov/2021028427
LC ebook record available at https://lccn.loc.gov/2021028428

Crabtree Publishing Company
www.crabtreebooks.com 1–800–387–7650

Published in the United States
Crabtree Publishing
347 Fifth Ave.
Suite 1402-145
New York, NY 10016

Published in Canada
Crabtree Publishing
616 Welland Ave.
St. Catharines, Ontario
L2M 5V6

Written by Alan Walker
Translation to Spanish: Sophia Barba-Heredia
Spanish-language layout and proofread: Base Tres
Print coordinator: Katherine Berti
Printed in the U.S.A./092021/CG20210616

Print book version produced jointly with Blue Door Education in 2022

Photo credits: Cover © martellostudio; page 2-3 full page phot © Collins93, falcon inset © Smiler99; page 4-5 © ArCaLu; page 6-7 © Ian Duffield; page 8-9 Harpy Eagle © Chepe Nicoli; page 10-11 © yhelfman; page 12-13 © FloridaStock; page 14-15 © Stanislav Duben; page 16-17 © sirtravelalot; page 18-19 © Valerijs Novickis; page 20-21 map © Peter Hermes Furian, crested caracara © Chepe Nicoli, Andean condor © aabeele, common kestrel © Maria Gaellman, Philippine eagle © Casper Simon, secretary bird © Dmussman All photos from Shutterstock.com